Lukuman Abudulawal
Amidu Sikiru Adetona
Ige Olayinka

# Espessura de sobrecarga e estimativa de tonelagem potencial do pegmatito Olode-Gbayo

AF670550

Lukuman Abudulawal
Amidu Sikiru Adetona
Ige Olayinka

# Espessura de sobrecarga e estimativa de tonelagem potencial do pegmatito Olode-Gbayo

ScienciaScripts

**Imprint**



Cover image: www.ingimage.com

This book is a translation from the original published under ISBN 978-620-2-01354-3.

Publisher:
Sciencia Scripts
is a trademark of
Dodo Books Indian Ocean Ltd. and OmniScriptum S.R.L publishing group

120 High Road, East Finchley, London, N2 9ED, United Kingdom
Str. Armeneasca 28/1, office 1, Chisinau MD-2012, Republic of Moldova, Europe
Printed at: see last page
**ISBN: 978-620-7-67671-2**

# ÍNDICE DE CONTEÚDOS:

# RESUMO

Este estudo tenta avaliar o cálculo da tonelagem da espessura da sobrecarga do pegmatite mineralizado de Olode Gbayo utilizando métodos geológicos e geofísicos. A área de investigação situa-se no complexo basal do sudoeste da Nigéria. Geograficamente, a área de estudo situa-se entre a latitude $7^0$ 3'N e a longitude $3^0$ 55' E e $3^0$ 56' E. A área é sustentada por rochas de gnaisse com veios de quartzo-pegmatite mineralizados do complexo basal pré-câmbrico do sudoeste da Nigéria. Este trabalho de investigação analisou as técnicas de resistividade geofísica utilizando o método de configuração da Schlumberger para dar uma visão da natureza da subsuperfície que envolve o cálculo das reservas das rochas na área de estudo. O levantamento geofísico do ambiente da mina em Gbayo,

O objetivo é avaliar os parâmetros geológicos que influenciarão a viabilidade económica da exploração mineira do maciço rochoso. Isto é feito através do estudo das características de variação da resistividade da área para determinar a espessura da sobrecarga. Isto é complementado pela determinação da gravidade específica e, eventualmente, a tonelagem de reserva é estimada. As medidas de precaução a serem tomadas nos locais de mineração antes e durante a mineração são destacadas no livro

**Palavras-chave:** *Espessura da camada de cobertura; tonelagem potencial; pegmatito; complexo do subsolo; resistividade eléctrica; sudoeste da Nigéria.*

# 1.0 INTRODUÇÃO

A área de investigação situa-se no complexo basal do sudoeste da Nigéria. Geograficamente, a área de estudo está localizada entre a latitude $7^0$ 3'N e a longitude $3^0$ 55' E e $3^0$ 56' E. Vários tipos de rocha encontrados na área fazem parte das rochas do subsolo da Nigéria de idade pré-cambriana.

A área é sustentada por rochas gnáissicas com veios mineralizados de Pegmatite-ZQuartzo do complexo basal pré-cambriano do sudoeste da Nigéria. Diferentes autores estabeleceram a importância económica do complexo basal do sudoeste da Nigéria (Oyawoye, (1972) *et.al*) e verificou-se que este complexo é um bom hospedeiro de diferentes depósitos minerais e, mais importante ainda, um bom material para construções civis. O complexo de subsolo também foi explorado em termos de recursos hídricos através de métodos geofísicos Okurumeh e Olayinka, 1998; Olayinka, 1996 e Olorunfemi e Okhue, (1992)) Abudulawal et al 2015, enquanto alguns autores utilizaram estes métodos geofísicos na estimativa destas reservas de rochas complexas (Bayewu, 2002; Ehinola, *et al.*, 2009 e Joshua *et al.*, 2004). Os pegmatitos de Olode-Gbayo são mineralizados em água-marinha em profundidade (figura 1a). Vários trabalhadores relataram ocorrências de água-marinha em Olode, (Okunlola *et al* {2009}). Os pegmatitos do sudoeste da Nigéria são conhecidos por conterem pedras preciosas (fig. 1b)

Este trabalho de investigação analisou as técnicas de resistividade geofísica utilizando o método de configuração da Schlumberger para dar uma visão da natureza da subsuperfície que envolve o cálculo das reservas das rochas na área de estudo. A reserva é a qualidade da rocha que pode ser extraída numa determinada área com um lucro rentável e num determinado período de tempo. Há uma série de factores que determinam se uma rocha pode ser extraída para utilização, incluindo

- O volume que pode ser extraído
- A facilidade com que pode ser extraído
- O desperdício resultante da extração mineira

> Aspeto e propriedades físicas [Duze, *et al.*, (1982)]

O levantamento geofísico do ambiente da mina em Gbayo, aldeia de Olode, Ibadan (Nordeste), no sudoeste da Nigéria, visa avaliar os parâmetros geológicos que influenciarão a viabilidade económica da exploração mineira do maciço rochoso. Isto é feito através do estudo das características de variação da resistividade da área para determinar a espessura da sobrecarga. Isto é complementado pela determinação da gravidade específica e, eventualmente, a tonelagem de reserva é estimada.

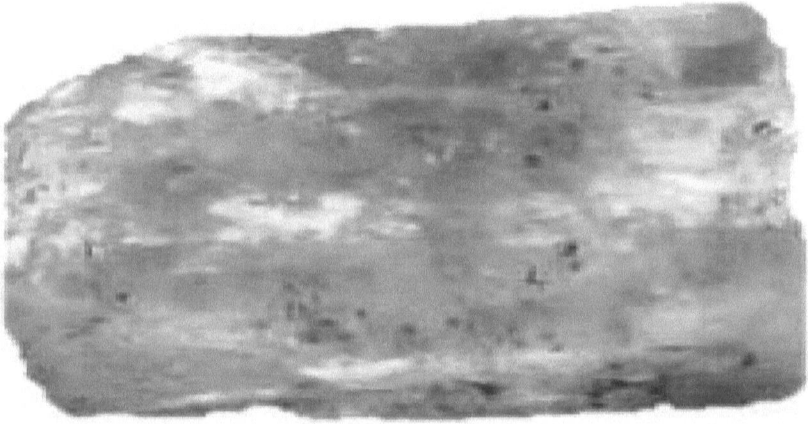

A figura la mostra a água-marinha que foi extraída na área de investigação

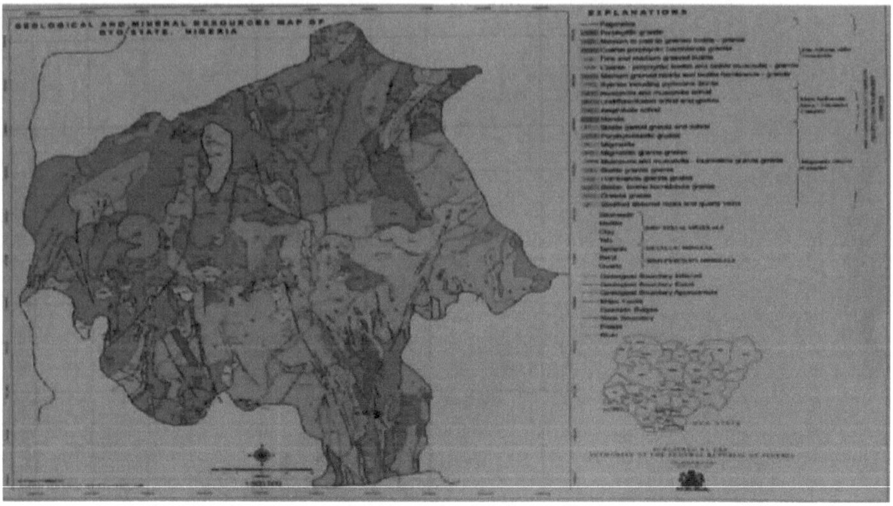

A figura lb mostra a geologia e os recursos minerais do estado de Oyo (Nigeria Geology Survey Agency 2005)

## 2.0 Finalidades e objectivos da investigação

O interesse deste trabalho de investigação inclui o seguinte;

- Realizar o levantamento geofísico do ambiente da mina utilizando o método da resistividade eléctrica
- Determinar a topografia do subsolo na área de estudo
- Determinar quantitativamente a profundidade da sobrecarga
- Para calcular a tonelagem do maciço rochoso
- Determinar o bem mineral ou energético que pode ser económica e legalmente extraído das rochas

Dar uma recomendação profissional quanto à profundidade máxima da exploração mineira na zona, a fim de reduzir os riscos ambientais

**Localização**

A área de estudo é uma aldeia no Governo Local de Oluyole em Ibadan e situa-se nas latitudes O7° 3' N e na longitude O5° 55' E - O5° 56' E, respetivamente. A área de estudo insere-se no complexo basáltico do sudoeste da Nigéria. Os seus principais tipos de rocha incluem rochas ígneas e metamórficas, que caracterizam as rochas do subsolo.

**Acessibilidade**

A área de estudo é geralmente acessível e motorizável e a disponibilidade de estradas alcatroadas e não alcatroadas, bem como de caminhos pedonais, proporciona uma boa acessibilidade à área e aos afloramentos.

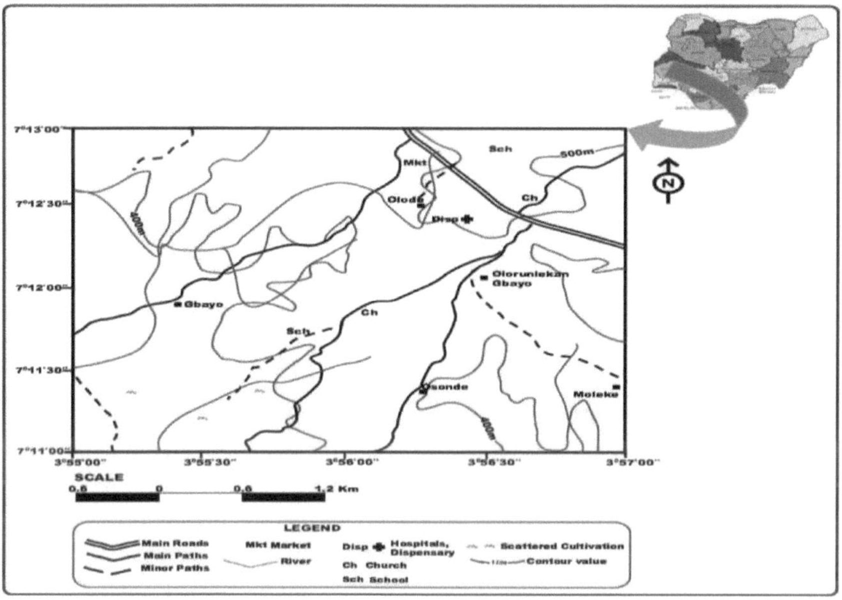


Figura 1.1a: Mapa de localização e acessibilidade da zona de estudo

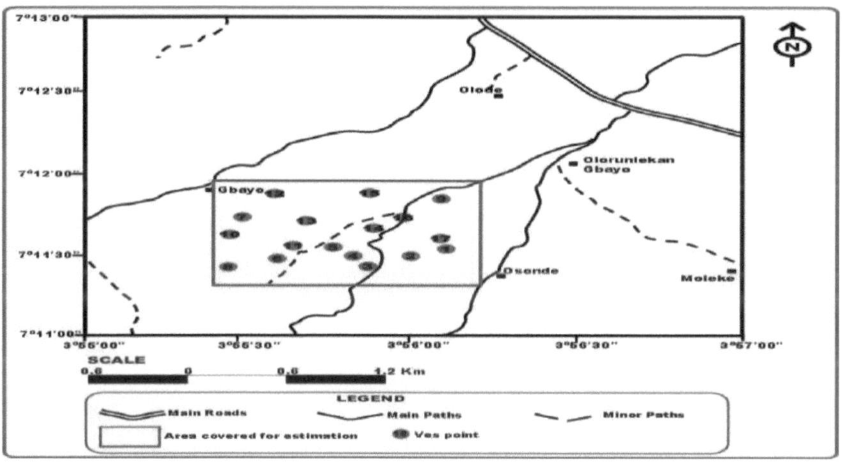


Fig. 1.1b: Mapa da área de estudo mostrando os pontos VES, a localização e a acessibilidade da área de estudo

## GEOMORFOLOGIA DO ESPAÇO Topografia

A topografia é geralmente ondulada; a elevação mais alta é de cerca de 165 m, enquanto a elevação mais baixa é de cerca de 130 m no nordeste. A área de estudo é maioritariamente coberta por gnaisse granítico e a rocha foi cortada por veios de quartzo e pegmatite

**Padrão de drenagem**

A área é bem drenada principalmente por rios que são apoiados por muitos riachos, o estudo da direção do fluxo da área revela que o padrão de drenagem é dendrítico com ramificações irregulares de afluentes que drenam a encosta para as áreas de planície.

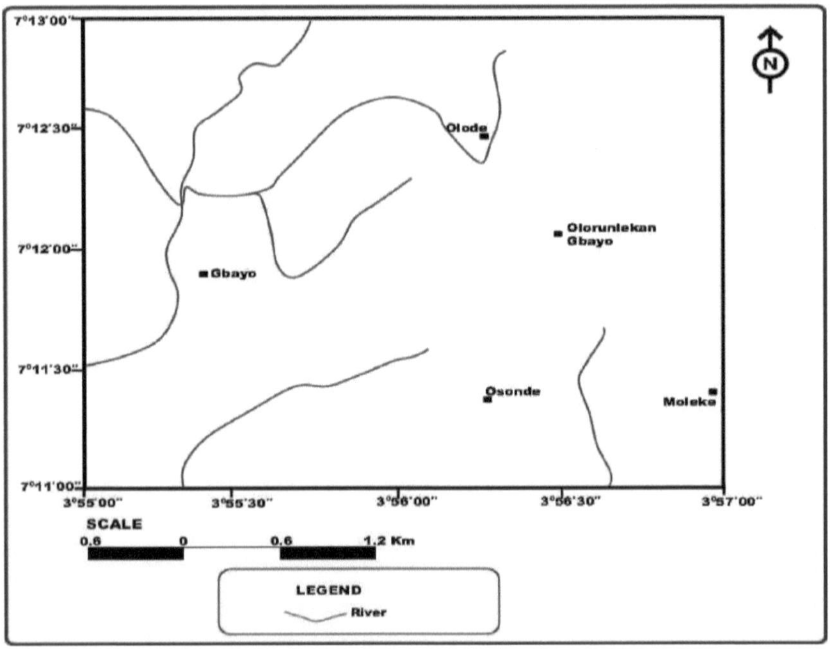


Figura 1.4.2 Mapa de drenagem da zona de estudo

**Clima e vegetação**

Duas estações climáticas principais caracterizam a área de estudo: a estação das chuvas e a estação seca. A estação chuvosa está associada ao vento marítimo húmido de sudoeste do Oceano Atlântico e a estação seca ao vento atlântico continental de noroeste do deserto do Sara. A estação das chuvas começa de abril a outubro, com uma precipitação média anual de cerca de 2000 mm (Floyd, 1965). A estação seca estende-se de novembro a março, entre este período ocorre o harmattan, caracterizado por temperaturas elevadas e uma atmosfera poeirenta. A área de estudo situa-se na cintura de floresta tropical húmida da Nigéria (Iloeja, 1985), mas o presente.

A vegetação é maioritariamente constituída por arbustos, gramíneas e árvores perenes, devido ao povoamento e a outras actividades humanas.

## REVISÃO DE TRABALHOS ANTERIORES

O primeiro trabalho de geologia efectuado no sudoeste da Nigéria foi o da pesquisa mineral do sul da Nigéria entre "1905 e 1906". Jones e Hockey (1964) efectuaram um levantamento geral de todo o sudoeste da Nigéria. No seu trabalho, tentaram uma subdivisão dos sedimentos em grupos de arenitos com argilas variadas e grupos de rochas bem estratificadas e vencidas

Recentemente, Oyawoye (1972), Grant (1981), Cooray (1974), Elueze (1981) e Rahaman (1976) estudaram o complexo basal da Nigéria em KOGBE, C.A

Vários académicos realizaram estudos sobre a estimativa da reserva de rochas utilizando o levantamento de resistividade no complexo rochoso do subsolo do sudoeste da Nigéria, mais especialmente no estado de Ogun, por Bale et al 2008..0bi, Barth et al 2013 . Eyankwaree Obasi2014.

# 3.0 Materiais e método

A área de Gbayo Olode é subjacente às rochas do complexo basal pré-cambriano do sudoeste da Nigéria.

**Método de sondagem eléctrica vertical**

Foram realizadas dezassete sondagens eléctricas verticais (VES) dentro da área de estudo utilizando a matriz Schlumberger (Gibson e George (2003)), os eléctrodos foram expandidos a partir de um espaçamento mínimo de eléctrodos de corrente (AB/2) de 1,0 m para um máximo de 55 m para os pontos VES (William, 2007). O medidor de resistividade Campus Ohmega foi usado para medições de resistência. Os dados de campo foram plotados em coordenadas bilogarítmicas e uma interpretação preliminar foi realizada usando a correspondência de curva parcial envolvendo curvas mestras de duas camadas e os gráficos auxiliares apropriados (Orellana et al (1966), Zohd (1965), Keller. e Frischknecht (1966)). O modelo estratificado assim obtido serviu de entrada para um algoritmo de inversão como fase final da interpretação quantitativa dos dados. Foi utilizado um software iterativo (WIN RESIST) para processar os dados de correspondência de curvas do VES1-17 (VandeVelpen (1988)). As interpretações do modelo invertido para cada localização VES são apresentadas na fig. 4.2a-q. Os resultados dos dados obtidos no campo são apresentados sob a forma de tabelas, secção geoeléctrica, mapa de espessura da sobrecarga, mapa de iso-resistividade, mapa de isopach. O perfil geoeléctrico mostra que a área de investigação constitui três a quatro camadas que incluem o solo superficial, a argila laterítica, o subsolo desgastado e o subsolo fresco/fracturado (Baker 1980; Dodds e Ivic, 1998; Lashkaripour, (2003)). Mais ainda, a interpretação qualitativa das curvas de sondagem de profundidade permitiu a classificação dos dados VES nos tipos de curva. A classificação variou de um a dois tipos de curvas resultantes da combinação da resistividade da camada (William (2007)).

## 3. LIMITAÇÕES DOS MÉTODOS DE RESISTIVIDADE

- Como todos os métodos geofísicos, os dados de resistividade são ambíguos, o que significa que muitos "modelos" diferentes podem produzir os mesmos dados. Para reduzir o número de modelos possíveis, são necessárias outras informações geológicas (dados de furos de sondagem e/ou de poços de monitorização).

- A resistividade eléctrica é lenta porque os eléctrodos têm de ser introduzidos no solo entre as medições.

- As matrizes não podem ser orientadas paralelamente a linhas eléctricas enterradas, serviços públicos e vedações, uma vez que a corrente injectada no solo fluirá mais facilmente através do elemento metálico.

- Os dados são influenciados por camadas condutoras próximas da superfície. A corrente deslocar-se-á sempre mais facilmente ao longo de camadas altamente condutoras. Se a superfície for altamente condutora, pode não ser possível recolher dados abaixo da camada superior

Os levantamentos de resistividade são geralmente restritos a investigações de escala relativamente pequena devido ao trabalho envolvido na colocação física dos eléctrodos antes de cada medição. Por esta razão, os métodos de resistividade não são normalmente utilizados na exploração de reconhecimento. É provável, no entanto, que com a crescente disponibilidade de dispositivos de medição de condutividade sem contacto.

Provavelmente, a utilização mais generalizada dos levantamentos de resistividade é em investigações hidrogeológicas, uma vez que podem ser fornecidas informações importantes sobre a estrutura geológica, litologias e recursos hídricos subterrâneos sem o custo elevado de um programa extensivo de perfuração.

**Mapeamento do campo**

Para além das medições geofísicas, foram realizadas descrições visuais de afloramentos e secções verticais ao longo das minas existentes, bem como amostragem de rochas. Foram encontrados três poços de mineração no local de mineração. Os poços variavam de 5,4 m a 11 m de profundidade com diâmetros de até 7 m. Os poços foram escavados por mineiros artesanais que estão a operar no local (Fig. 1a).

De um modo geral, foi possível entrar nos fossos para efetuar descrições litológicas visuais. Foi dada especial atenção às características macro-textuais e à estimativa da espessura relativa da camada de cobertura. A medição da espessura da camada de cobertura foi efectuada para avaliar as medições de profundidade das interpretações VES. Também estimámos a espessura relativa dos veios de pegmatite expostos nos poços existentes no local da exploração mineira (Fig. 1). Amostras relativamente frescas de pegmatito e outras rochas foram coletadas para determinar a gravidade específica das rochas. A gravidade específica das amostras de rocha foi medida no laboratório utilizando um picnómetro, de acordo com a norma ASTM [23]. As localizações geográficas das amostras foram registadas com um GPS portátil Garmin e-trex Vista.

## DETERMINAÇÃO DA GRAVIDADE ESPECÍFICA

A gravidade específica é definida como o número que exprime a relação entre o peso das substâncias e o peso de igual volume de água a 4O° C. O picnómetro ou frasco de gravidade específica é utilizado para obter a gravidade específica do pó ou do agregado de fragmentos minerais, especialmente quando não é possível obter uma massa homogénea suficientemente grande para permitir a utilização de uma balança. O picnómetro é uma pequena garrafa cheia com uma tampa de vidro esmerilado estanque. Começa-se por pesar a garrafa com a rolha, vazia (p) e pesada (m). A garrafa contém água destilada e é fervida durante alguns minutos para eliminar as bolhas de ar. Após arrefecimento, enche-se o frasco com água e pesa-se (s). Esvazia-se a garrafa e volta-se a enchê-la apenas com água destilada e pesa-se (w). A última pesagem contém mais água do que as anteriores; o volume de água adicionado é igual ao volume agregado dos grãos da amostra

$$\text{Hence: S.G} = \frac{(M-P)}{W+(M-P)-S}$$

A profundidade interpretada para o leito rochoso obtida nas diferentes estações VES foi traçada e contornada para produzir o mapa de isópacas da área (fig. 4.4) que mostra a elevação que varia de 120m - 150m e a espessura média da sobrecarga foi calculada para a área de investigação. A espessura média da sobrecarga foi calculada em 5,7 m e a estimativa da tonelagem foi obtida subtraindo a espessura da sobrecarga da profundidade minável para calcular o volume no local. A tonelagem foi obtida multiplicando o resultado pela gravidade específica da rocha subjacente na área de estudo.

## 4.0 Resultados e discussão

### TABELA 4.2 COM O RESUMO DOS PARÂMETROS GEOELÉCTRICOS DA CURVA VES OBTIDA

| *Camada* | *Resistividade (ohm-m)* | *Espessura (m)* | *Profundidade (m)* | *CURVA TIPOS* | *Litologia provável* |
|---|---|---|---|---|---|
| *VESl* | | | | | |
| 1 | 431.6 | 2.1 | 2.1 | | Solo de cobertura |
| 2 | 56.0 | 5.6 | 7.7 | H | Cave desgastada |
| 3 | 2,209.4 | - | - | | Cave fresca |
| *VES2* | | | | | |
| 1 | 137.2 | 1.2 | 1.2 | | Solo de cobertura |
| 2 | 77.4 | 6.4 | 7.6 | H | Cave desgastada |
| 3 | 583.3 | - | - | | Cave fresca |
| *VES3* | | | | | |
| 1 | 86.7 | 0.6 | 0.6 | | Solo de cobertura |
| 2 | 46.9 | 6.2 | 6.7 | H | Cave desgastada |
| 3 | 788.9 | - | - | | Cave fresca |
| *VES 4* | | | | | |
| 1 | 173 | 0.9 | 0.9 | | Solo de cobertura |
| 2 | 96.8 | 3.6 | 3.6 | H | Cave desgastada |
| 3 | 400.4 | - | - | | Cave fresca |
| *VES 5* | | | | | |
| 1 | 177.9 | 1.0 | 1.0 | H | Solo de cobertura |

| | | | | | |
|---|---|---|---|---|---|
| 2 | 80.7 | 5.1 | 6.0 | | Cave desgastada |
| 3 | 263.6 | - | - | | Fracturado \ Fresco<br>Cave |
| ***Camada*** | ***Resistividade (ohm-m)*** | ***Espessura (m)*** | ***Profundidade (m)*** | ***CURVA TIPOS*** | ***Litologia provável*** |
| ***VES 6*** | | | | | |
| 1 | 88.9 | 0.9 | 0.9 | H | Solo de cobertura |
| 2 | 47.3 | 1.7 | 2.6 | | Cave desgastada |
| 3 | 370.6 | - | - | | Fracturado \ Fresco<br>Cave |
| *VES 7* | | | | | |
| 1 | 79.0 | 0.9 | 0.9 | | Solo de cobertura |
| 2 | 103.3 | 5.7 | 6.6 | | Cave desgastada |
| 3 | 267.2 | - | - | | FracturedXFresh<br>Cave |
| ***VES 8*** | | | | | |
| 1 | 311.9 | 0.7 | 0.7 | AH | Solo de cobertura |
| 2 | 525.7 | 2.3 | 3.1 | | Argila laterítica |
| 3 | 139.5 | 4.7 | 7.8 | | Cave desgastada |
| 4 | 562.2 | - | - | | Cave fresca |
| ***VES 9*** | | | | | |
| 1 | 143.5 | 0.9 | 0.9 | H | Solo de cobertura |
| 2 | 27.8 | 2.2 | 3.0 | | Resistido |

| | | | | | |
|---|---|---|---|---|---|
| 3 | 310.8 | - | - | | Fracturado/ fresco<br>Cave |
| *VESlO* | | | | | |
| 1 | 59.5 | 0.6 | 0.6 | KH | Solo de cobertura |
| 2 | 191.5 | 1.2 | 1.8 | | Argila Laterítica |
| 3 | 20.8 | 5.3 | 7.1 | | Resistido |
| 4 | 269.0 | - | - | | FreshZFractured<br>Cave |

Quadro 4.2 cont.

| *Camada* | *Resistividade (ohm-m)* | *Espessura (m)* | *Profundidade (m)* | *CURVA TIPOS* | *Litologia provável* |
|---|---|---|---|---|---|
| *VESll* | | | | | |
| 1 | 81.8 | 0.5 | 0.5 | KH | Solo de cobertura |
| 2 | 234.2 | 1.3 | 1.9 | | Argila Laterítica |
| 3 | 15.4 | 3.8 | 5.7 | | Cave desgastada |
| 4 | 614.1 | л | - | | Cave fresca |
| *VES12* | | | | | |
| 1 | 121.7 | 1.0 | 1.0 | H | Solo de cobertura |
| 2 | 71.0 | 2.9 | 3.9 | | Cave desgastada |
| 3 | 328.9 | - | - | | Cave fresca |
| *VES13* | | | | | |
| 1 | 108.5 | 1.0 | 1.0 | H | Solo de cobertura |
| 2 | 76.3 | 4.8 | 4.8 | | Cave desgastada |

| | | | | | |
|---|---|---|---|---|---|
| 3 | 258.9 | - | - | | Fracturado \ Fresco Cave |
| *VES14* | | | | | |
| 1 | 174.0 | 0.6 | 0.6 | KH | Solo de cobertura |
| 2 | 355.4 | 2.5 | 3.1 | | Argila Laterítica |
| 3 | 157.0 | 3.0 | 6.0 | | Cave desgastada |
| 4 | 675.2 | - | - | | Cave fresca |

Quadro 4.2 cont.

| *Camada* | *Resistividade (ohm-m)* | *Espessura (m)* | *Profundidade (m)* | *CURVA TIPOS* | *Litologia provável* |
|---|---|---|---|---|---|
| *VES15* | | | | | |
| 1 | 205.8 | 0.7 | 0.7 | H | Solo de cobertura |
| 2 | 104.4 | 2.3 | 3.0 | | Resistido |
| 3 | 561.0 | - | - | | Cave fresca |
| *VES16* | | | | | |
| 1 | 161.7 | 1.2 | 1.2 | H | Solo de cobertura |
| 2 | 59.1 | 4.0 | 5.3 | | Cave desgastada |
| 3 | 848.7 | - | - | | Cave fresca |
| *VES17* | | | | | |
| 1 | 208.0 | 0.5 | 0.5 | HK | Solo de cobertura |
| 2 | 44.5 | 1.2 | 1.7 | | Argila Laterítica |
| 3 | 219.9 | 5.9 | 7.6 | | Cave desgastada |
| 1 | 145.2 | - | - | | Cave frescaZCave |

|  |  |  |  |  | fracturada |
|---|---|---|---|---|---|

**Curvas de sondagem eléctrica vertical (VES)**

As curvas de campo obtidas na área de estudo são dos tipos H, A, AH, HK, KH e KQ, sendo o tipo H o dominante (William (2007)). A figura apresentada abaixo (Fig 4.2), a partir dos dados apresentados na tabela 4.2 acima, mostra as curvas interpretadas que foram geradas após a correspondência de curvas e iteração de computador usando a versão Resist 1.1 (VandeVelpen (1988)), a Sondagem Eléctrica Vertical (VES) deu uma interpretação adequada sobre as camadas de cima para baixo compreendem o solo superior, o subsolo intemperizado, o subsolo fresco e o subsolo fraturado\fresco, respetivamente (Baker 1980; Dodds e Ivic, 1998; Lashkaripour, (2003))

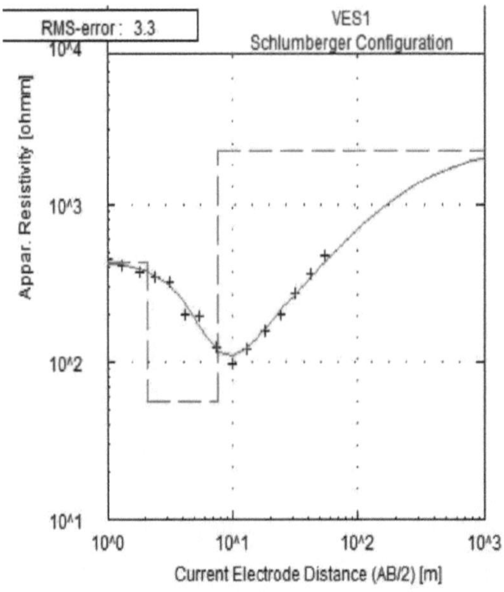


| No | Res | Thick | Depth |
|---|---|---|---|
| 1 | 431.6 | 2.1 | 2.1 |
| 2 | 56.0 | 5.6 | 7.7 |
| 3 | 2209.4 | -.- | -.- |

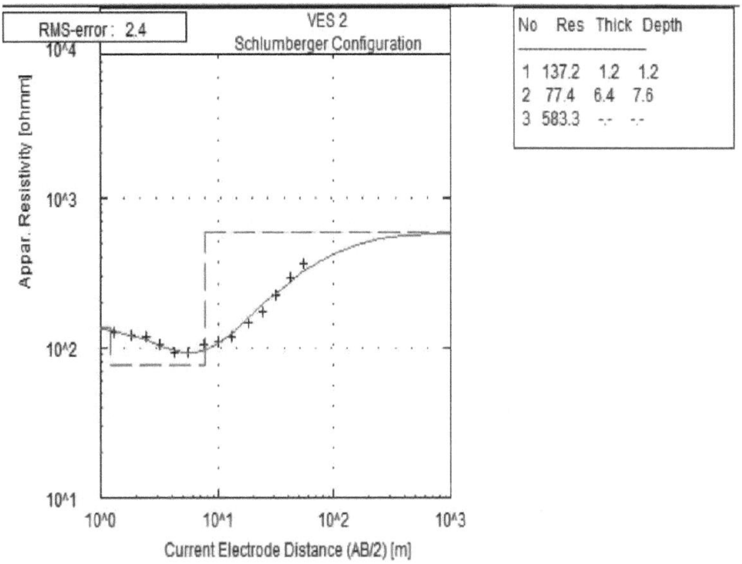


Fig 4.2b Curva H

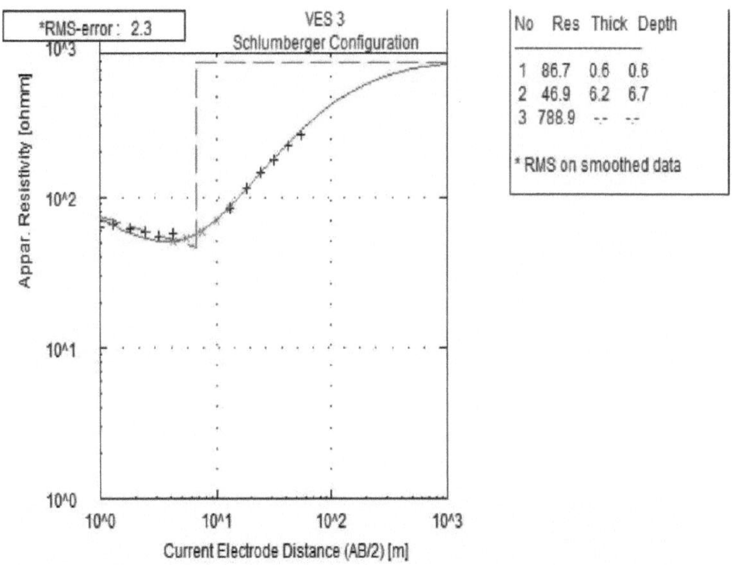


Fig 4.2c Curva H

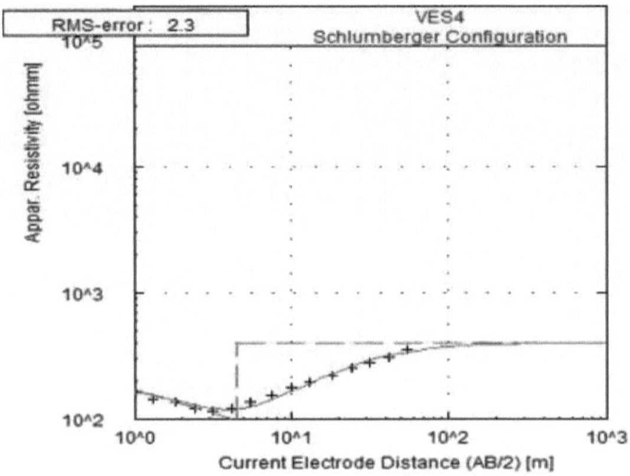


| No | Res | Thick | Depth |
|---|---|---|---|
| 1 | 173.0 | 0.9 | 0.9 |
| 2 | 96.8 | 3.6 | 4.5 |
| 3 | 400.4 | -.- | -.- |

Fig 4.2dCurva H

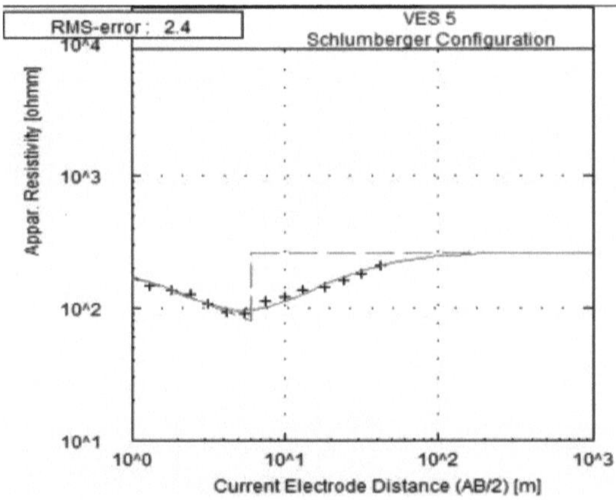


| No | Res | Thick | Depth |
|---|---|---|---|
| 1 | 177.9 | 1.0 | 1.0 |
| 2 | 80.7 | 5.1 | 6.0 |
| 3 | 263.6 | -.- | -.- |

Fig 4.2e Curva H

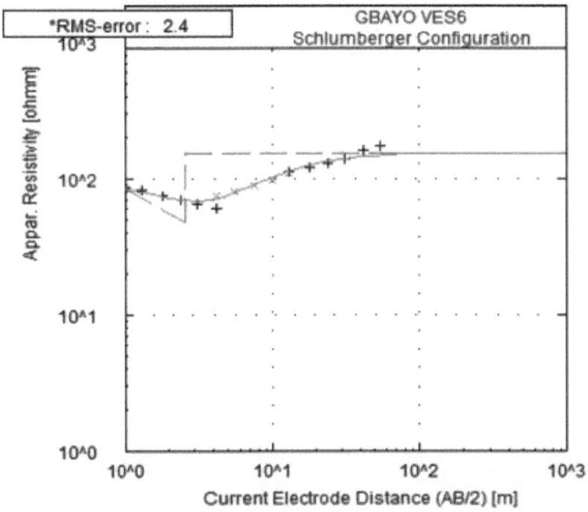


| No | Res | Thick | Depth |
|---|---|---|---|
| 1 | 88.9 | 0.9 | 0.9 |
| 2 | 47.3 | 1.7 | 2.6 |
| 3 | 155.6 | -.- | -.- |

* RMS on smoothed data

Fig 4.2f Curva H

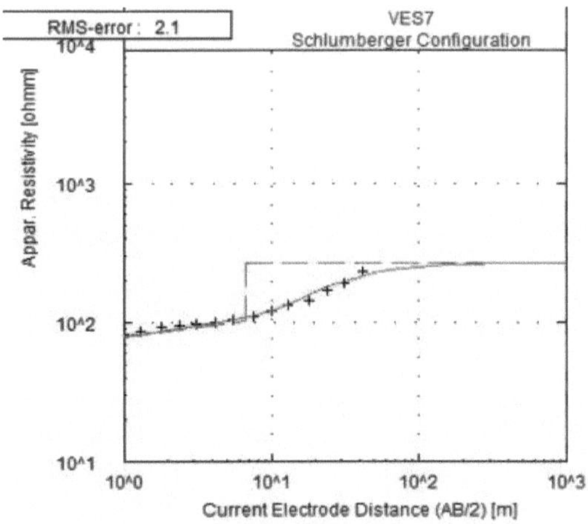


| No | Res | Thick | Depth |
|---|---|---|---|
| 1 | 79.0 | 0.9 | 0.9 |
| 2 | 103.3 | 5.7 | 6.6 |
| 3 | 267.2 | -.- | -.- |

Fig 4.2g Curva A

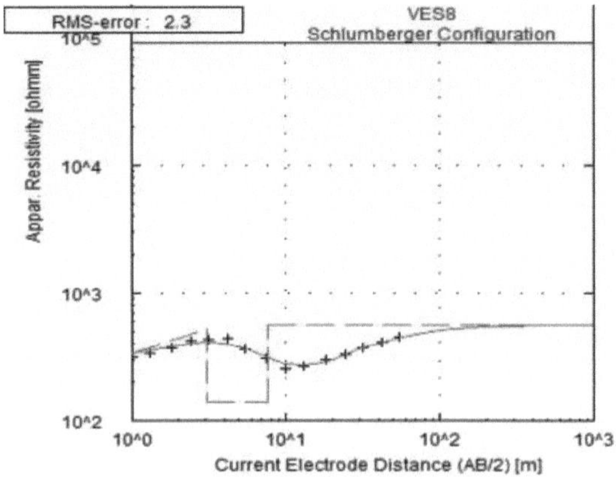


| No | Res | Thick | Depth |
|---|---|---|---|
| 1 | 311.9 | 0.7 | 0.7 |
| 2 | 525.7 | 2.3 | 3.1 |
| 3 | 139.5 | 4.7 | 7.8 |
| 4 | 562.2 | -.- | -.- |

Fig 4.2h Curva AH

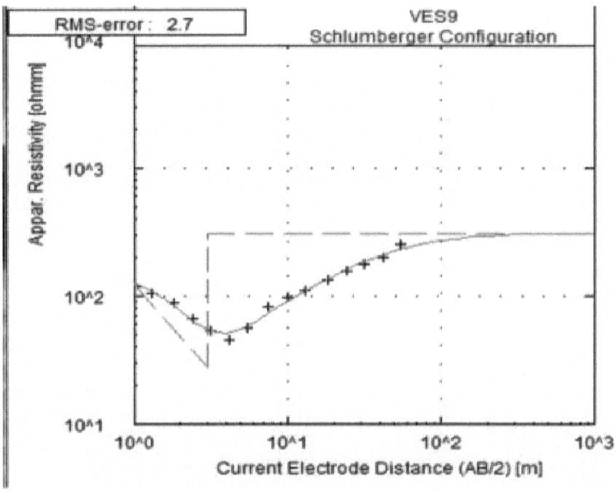


| No | Res | Thick | Depth |
|---|---|---|---|
| 1 | 143.5 | 0.9 | 0.9 |
| 2 | 27.8 | 2.2 | 3.0 |
| 3 | 310.8 | -.- | -.- |

Fig 4.2I Curva H

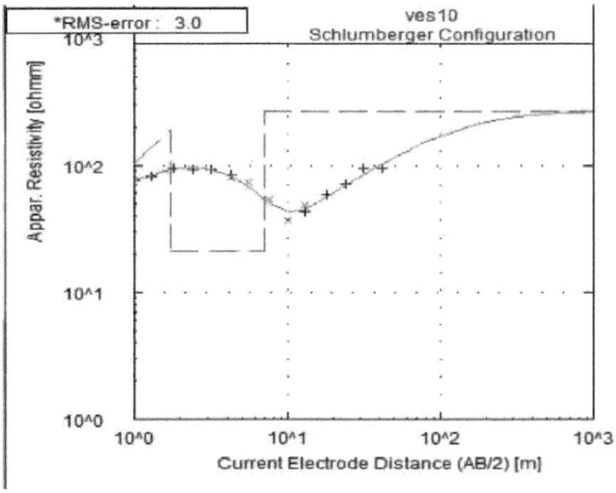


| No | Res | Thick | Depth |
|---|---|---|---|
| 1 | 59.5 | 0.6 | 0.6 |
| 2 | 191.5 | 1.2 | 1.8 |
| 3 | 20.8 | 5.3 | 7.1 |
| 4 | 269.0 | -.- | -.- |

* RMS on smoothed data

Fig4.2J Curva KH

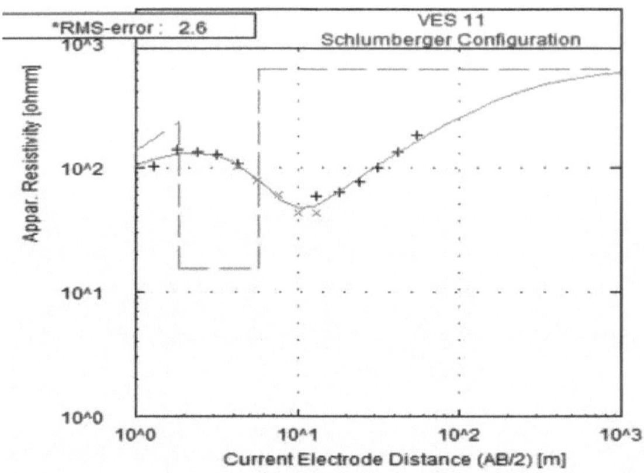


| No | Res | Thick | Depth |
|---|---|---|---|
| 1 | 81.8 | 0.5 | 0.5 |
| 2 | 234.2 | 1.3 | 1.9 |
| 3 | 15.4 | 3.8 | 5.7 |
| 4 | 614.1 | -.- | -.- |

* RMS on smoothed data

Fig4.2k Curva KH

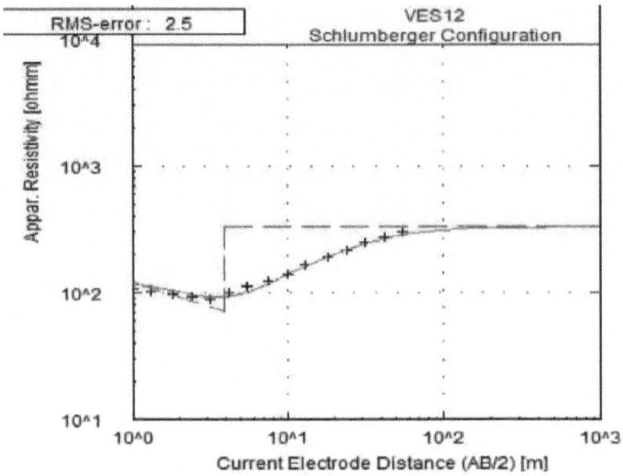


| No | Res | Thick | Depth |
|---|---|---|---|
| 1 | 121.7 | 1.0 | 1.0 |
| 2 | 71.0 | 2.9 | 3.9 |
| 3 | 328.9 | -.- | -.- |

Fig 4.2l Curva H

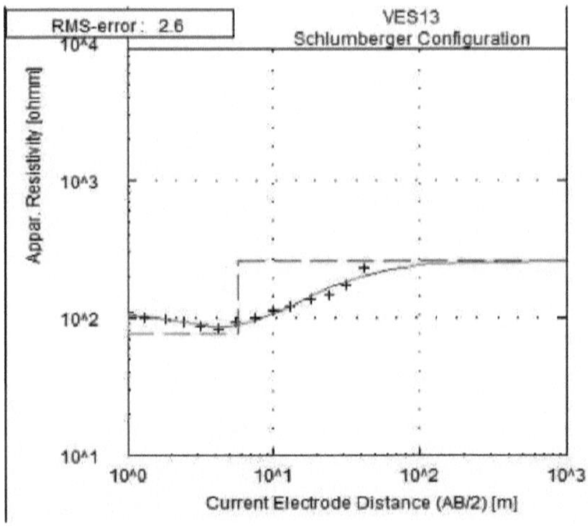


| No | Res | Thick | Depth |
|---|---|---|---|
| 1 | 108.5 | 1.0 | 1.0 |
| 2 | 76.3 | 4.8 | 5.8 |
| 3 | 258.9 | -.- | -.- |

Fig 4.2m Curva H

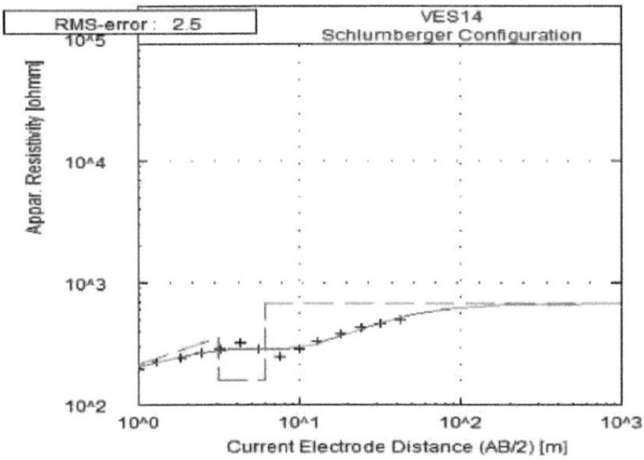


| No | Res | Thick | Depth |
|---|---|---|---|
| 1 | 174.0 | 0.6 | 0.6 |
| 2 | 355.4 | 2.5 | 3.1 |
| 3 | 157.0 | 3.0 | 6.0 |
| 4 | 675.2 | -.- | -.- |

Fig 4.2n Curva KH

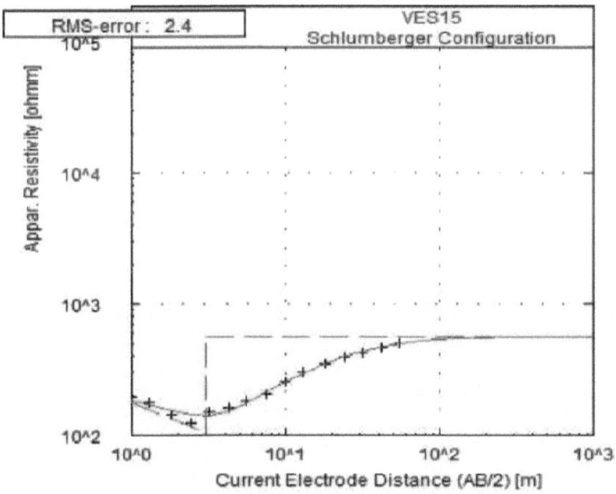


| No | Res | Thick | Depth |
|---|---|---|---|
| 1 | 205.8 | 0.7 | 0.7 |
| 2 | 104.4 | 2.3 | 3.0 |
| 3 | 561.0 | -.- | -.- |

Fig 4.2o Curva H

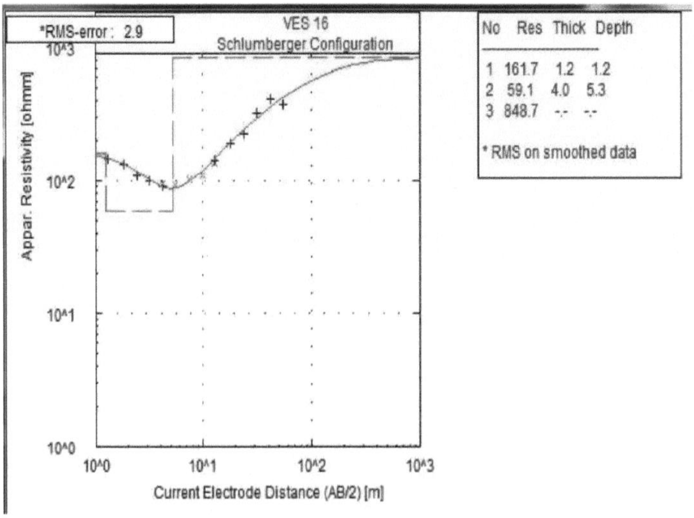


Fig 4.2p Curva H

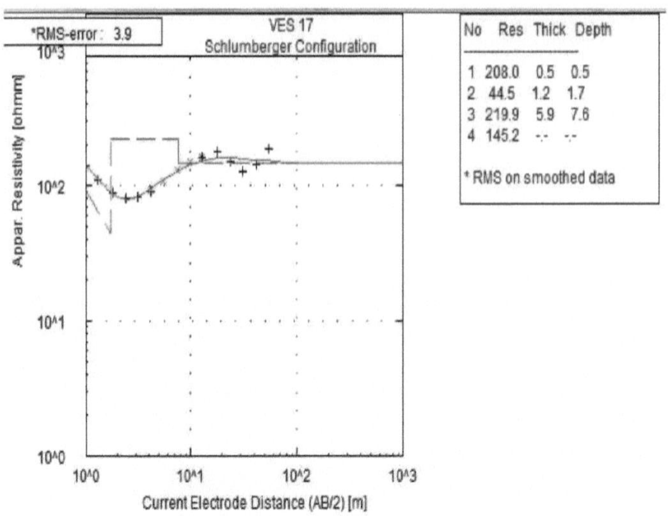


Fig 4.2q Curva HK

Figura 4.2a-q mostrando as curvas de resistividade iteradas dos locais VES da área de investigação

## 4.1 SECÇÕES GEOELÉCTRICAS

As secções geoeléctricas ao longo do Perfil 1, 2, 3, 4 e 5 são mostradas na fig. 4.3a-e. A secção mostra a variação dos valores de resistividade e espessura das camadas dentro da profundidade penetrada na área de estudo. Dois perfis foram tirados ao longo da direção NE - SW; dois foram também tirados ao longo da direção SE - NW e um foi tirado ao longo da direção SE - NW. Foram reveladas três a quatro camadas subsuperficiais: O solo superior, a argila laterítica, o subsolo intemperizado e as camadas do subsolo parcialmente fracturado/fresco. As secções geoeléctricas mostram que o último perfil não tem camada de argila laterítica e tem os valores de resistividade mais elevados, o que significa que o subsolo é fresco e não fracturado (Baker 1980; Dodds e Ivic, 1998; Lashkaripour, (2003)).

**Camadas superiores do solo:** As camadas de solo superficial são relativamente finas ao longo destes perfis, sendo o solo superficial caracterizado por valores de resistividade entre 79 e 4310hm-m, e profundidade entre 0,5m e 2,1m

**Camadas de argila laterítica:** As camadas de argila laterítica foram encontradas em cinco locais, sendo sobrepostas pelo solo superior com valores de resistividade entre 450hm-m e 5260hm-m com profundidade entre 1,7m e 3,1m

**Camadas de subsolo intemperizado:** As camadas de subsolo intemperizado foram encontradas em todos os locais; são de natureza argilosa com resistividade entre 28 Ohm-m e 2340hm- e profundidade de 2,6m e 7,7m

**Camadas de subsolo parcialmente fracturado/fresco:** As camadas de subsolo fresco foram encontradas em dez (10) locais e o subsolo parcialmente fracturado foi encontrado em sete (7) locais; é caracterizado por valores de resistividade entre 145 Ohm e 2209 0hm-m.

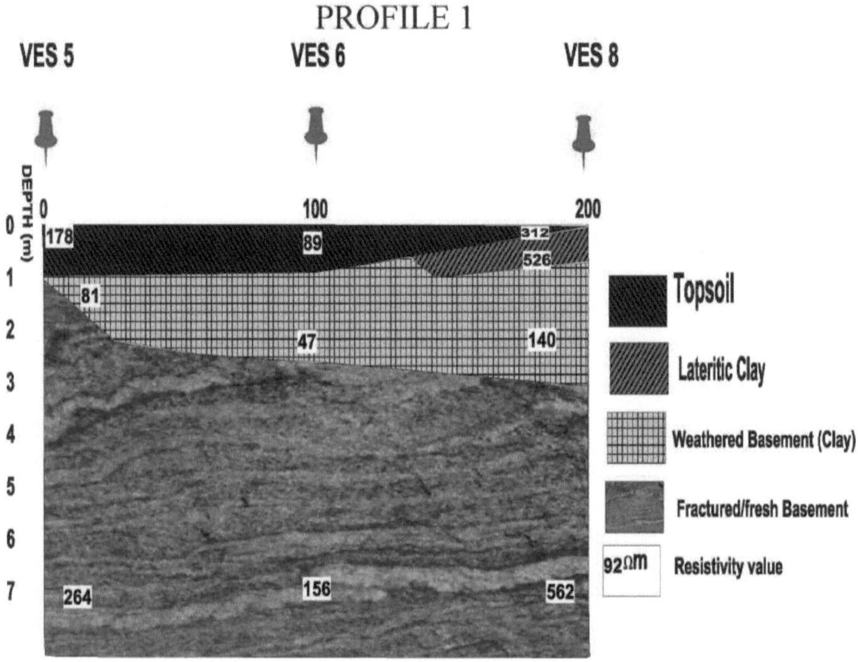


Fig 4.3a: Secção geoeléctrica ao longo dos VES 5, 6 e 8 na direção NE – SW

PROFILE 2

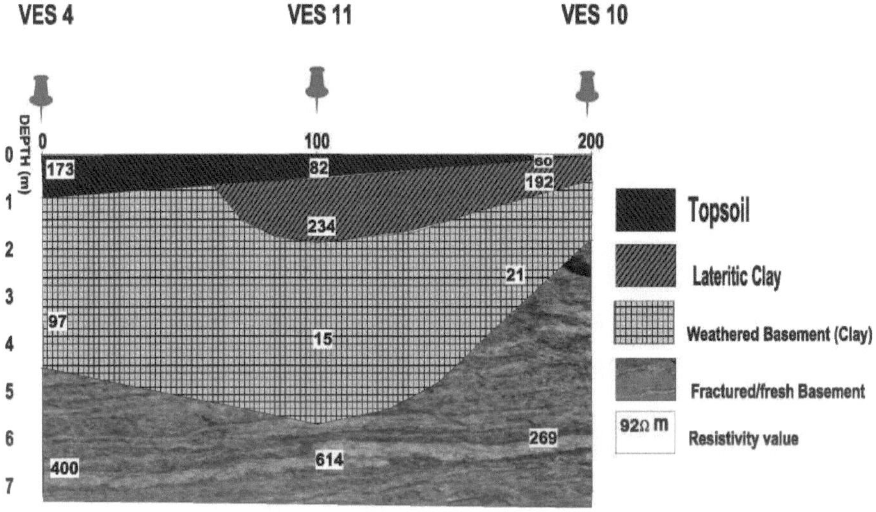


Fig 4.3b: Secção Geoeléctrica ao longo das VES 5,11 e IO na direção SE – NW

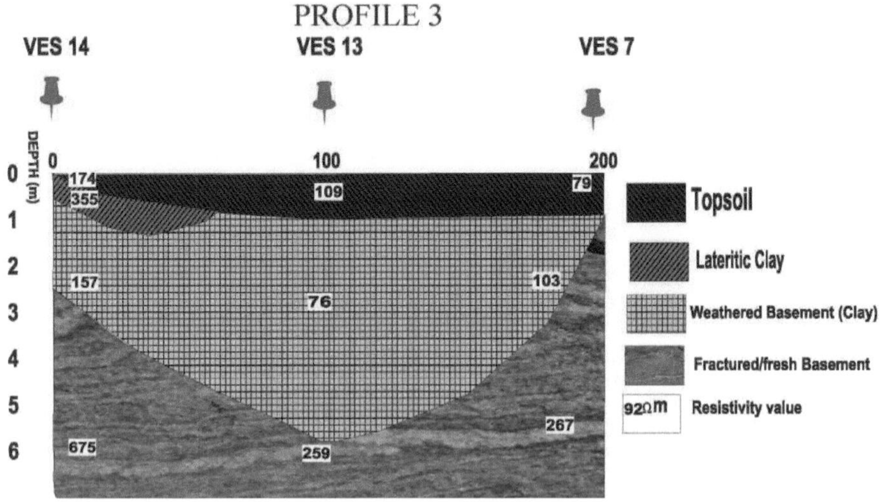


Fig 4.3c: A secção geoeléctrica através dos VES 14, 13 e 7 na direção SE – NW

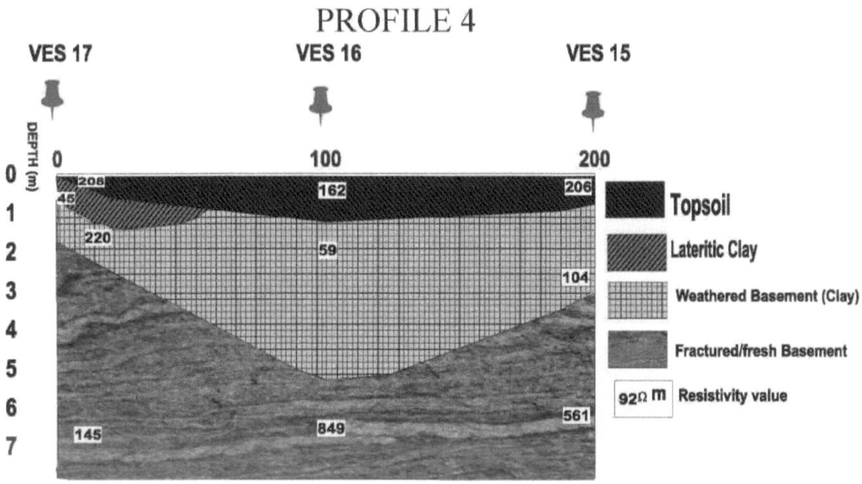


Fig 4.3d: A secção geoeléctrica ao longo dos VES 17, 16 e 15 na direção SE – NW

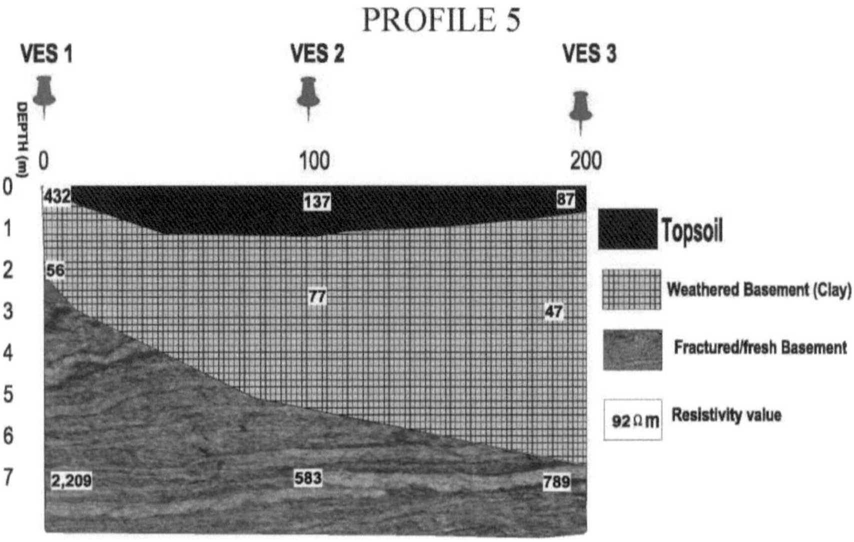


Fig 4.3e: Secção geoeléctrica ao longo do VES 1, 2 e 3 na direção NE - SW

Fig 4.3 a -e: Representação das secções geoeléctricas da área de investigação

## 4.2 MAPA ISOPACH

O mapa de isópacas é apresentado na figura abaixo, que mostra a topografia da área investigada e os pontos VES da área de investigação. Mostra as terras altas e baixas da área de estudo. A elevação que varia entre 120 e 150 m, o mapa de isopach e o mapa de isopach 3D mostram que a área de investigação é relativamente acidentada.

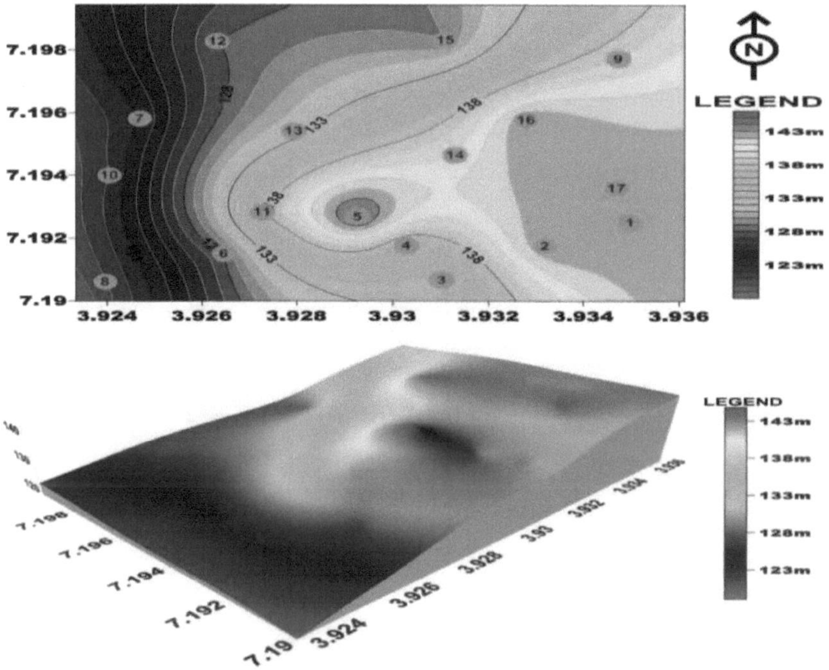


Fig. 4.4: Mapa de contorno mostrando a elevação e os pontos VES e o 3D da elevação.

## 4.3 MAPA DE ISORESISTIVIDADE

O mapa de iso-resistividade mostra o subsolo fracturado e o subsolo fresco como resultado dos valores de resistividade das últimas camadas, que podem ser subsolo fresco ou parcialmente fracturado, a partir do valor de resistividade da última camada e do mapa de iso-resistividade gerado, o subsolo fresco é maior do que o subsolo fracturado, o que significa que a exploração mineira pode ser feita sem receio de invasão das águas subterrâneas. A maior parte da rocha do subsolo é fresca e a qualidade da rocha será boa para a extração de acordo com Yaunz, *et al.*, (2005) e Bell F.G (2008)

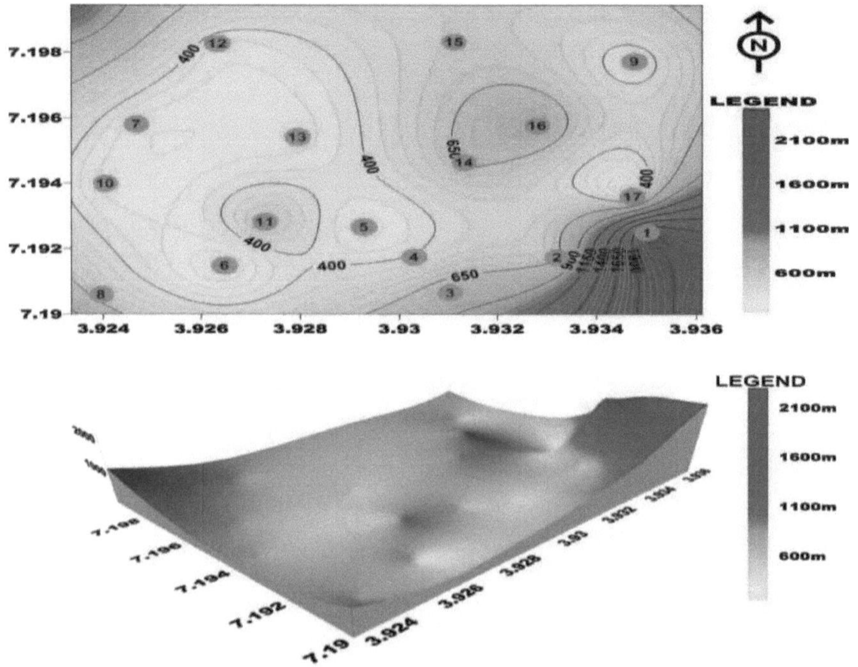


Fig. 4.5: Mapa de contorno mostrando os pontos de iso-resistividade e VES e o 3D da isoresitividade.

## 4.4 MAPA DA ESPESSURA DA SOBRECARGA

A Figura 4.6 mostra que a espessura da sobrecarga varia de 2,6m a 7,7m. A sobrecarga mais espessa é observada no Sudeste, enquanto a sobrecarga mais fina é observada na parte Norte da área. A espessura média da camada de cobertura é de cerca de 5,7 m. A parte norte da área será boa para a exploração mineira devido à camada de cobertura fina e reduzirá o custo de escavação da camada de cobertura antes da exploração mineira. De acordo com Bell (2008), o instrumento de extração pode ser instalado na parte sudeste da área devido à espessura da sobrecarga em comparação com outras partes da área.

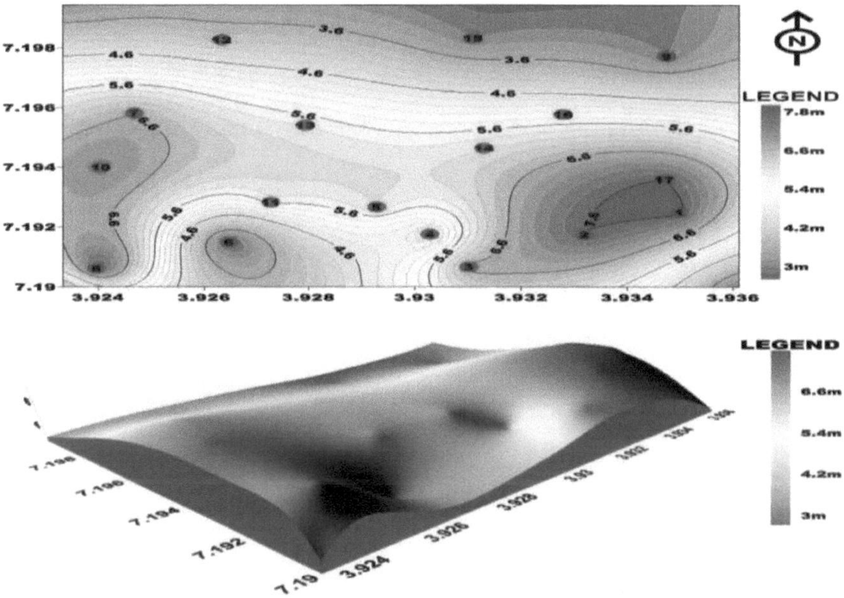


Fig. 4.6: Mapa de contorno mostrando a espessura da sobrecarga e os pontos VES e o 3D da espessura da sobrecarga.

## 4.5 CÁLCULO DA RESERVA

### APÊNDICE

**Cálculo da estimativa de reserva provável**

Com base nos parâmetros geofísicos, a reserva foi estimada da seguinte forma:

Extensão da área = comprimento x fôlego da área de investigação

Comprimento da área = 1560 m

Largura = 1050m

Extensão da área = 1560 m x1050 m = 1.638.000 m2

Volume de reserva provável = Extensão da área x Espessura média do leito rochoso

Espessura média do leito rochoso = Profundidade estimada de50 m - Espessura média da sobrecarga

Espessura média do leito rochoso = 50m - 5,7 m = 44,3 m

Volume provável da reserva = 1.638.000 m2x 44,3 m = 72.563.400 m3

Volume provável do depósito de rocha a uma profundidade estimada de 50 m, permitindo

5,7 m como média

espessura da sobrecarga = 72.563.400 m3

Assim:

Tonelagem potencial de rocha = Volume de reserva provável X gravidade específica (toneladas)

= 72.563.400 m3X 2,7 = 195.921.180 toneladas

em que 2,7 é o peso específico

Tonelagem provável de pegmatito na rocha basal = 0,5% x

195.921.180 = 979.605,9 toneladas

(O valor de 0,5% corresponde à proporção relativa de pegmatito com base no mapeamento de campo)

---

# 5.0 CONCLUSÃO E RECOMENDAÇÃO

## 5.1 CONCLUSÃO

O resultado da investigação geofísica mostra três a quatro camadas distintas, nomeadamente: o solo superior, a camada meteorológica.

Camada parcialmente intemperizada e subsolo fresco ou parcialmente fracturado. A espessura da camada de cobertura varia geralmente entre 2,6 e 7,7 m, com uma média de 5,7 em toda a área de estudo. A rocha é em grande parte fresca, embora a sua natureza fracturada limite a sua utilização na produção de pedra de dimensão. Tendo em conta a pouca espessura da sobrecarga nas imediações do afloramento rochoso, espera-se que seja escavado menos material antes da detonação da rocha.

Com base no resultado da investigação geofísica, a reserva foi estimada em 195.921.180 toneladas, a uma taxa de extração de 1.095.000 toneladas por ano, espera-se que a reserva da área dure cerca de cento e sete (107) anos. Assim, o maciço rochoso é economicamente viável para a extração de agregados de construção, segundo Bell (2008).

## 5.2 RECOMENDAÇÃO

- É pertinente notar que as medidas de precaução, tais como a construção de canais/drenagem devem ser tomados em consideração para evitar inundações no local durante a operação da pedreira.
- Devem ser construídas drenagens adequadas, especialmente ao longo do canal do riacho, para facilitar a passagem da água. Isto é necessário para evitar inundações desnecessárias no local.
- O desmonte da rocha na área de investigação não deve ultrapassar uma profundidade de 50m para evitar desastres no ambiente.

# REFERÊNCIAS

Ajibade, A. C. e Wright, J. B. (1989): O Escudo Togo-Benin: evidência de agregação crustal na Faixa Pan-Africana. Tectonophysics 165, pp 125-129.

Annor, A.E., (1985): Uma classificação estrutural do Complexo Basal Pré-Cambriano de

Bale R.B, Bayewu 0.0, Folorunsho 1.0 e Oloruntola M.0, (2008): estudos sobre a estimativa da reserva de rochas utilizando o levantamento da resistividade no complexo rochoso do subsolo do sudoeste da Nigéria, mais especialmente no estado de Ogun

Barker, R.; Blunk, I., e Smith, I., (1996): Geophysical considerations in the design of the U. K. National Resistivity Sounding Database. First Break, vol. 14, No 2, pp 45-53.

Bayewu, O. O. (2002): Resistivity Survey for Reserve Estimation of Clay Deposit at Omi-Adio, Near Ibadan, SW Nigeria. Projeto de Mestrado não publicado, Universidade de Ibadan. 82p.

Bell, F.G, (2008): Geologia de Engenharia,2$^{nd}$ Edition,Elsivier, 581p.

Burger, H. R., (1992): Exploration Geophysics of the Shallow Subsurface: Prentice Hall, Inc.

Burke, K. C., S. J Freeth & N. K. Grant, (1976): A estrutura e a sequência de eventos geológicos no complexo de porão da área de Ibadan. Western NigeriaTrecambrian Research Vol. 5, pp 537 - 545.

Burke, K. C.; S. J. Freeth & N. K. Grant, (1972): Granite gneiss from partial fusion ofbanded gneiss in the Ibadan Area, Nigeria. In: Geologia Africana Eds. T. F. J.Dessavragie e A. J. Whitemen, Ibadan, 1970 Geol. Departamento de Geologia da Universidade de Ibadan, Nigéria, pp 103 - 104.

Dada, S. S. (2006): Evolução Proterozóica da Nigéria. In: O. Oshin (Ed). The Basement Complex of Nigeria and its Mineral Resources. Simpósio M.A.O. Rahaman 2006 pp.29-44

Daniel, F. e Alberty, R.A, (1966): Physical chemistry. John Wiley and Sons, Inc. Resistividade dos materiais terrestres.

Dominic, A. O,Ekwueme, B E Gabriel, B.A,(2013): Journal of Environment and Earth Science tentou a estimativa de reserva de depósitos de barita usando investigação geológica e geofísica no estado de cross river sudeste da Nigéria.

Duze, M e Ojo, A., (1982): Factores que determinam se uma rocha pode ser extraída para uso. Atlas da Escola Sénior. Macmillan, 113p.

Ehinola, 0. A., Oladunjoye, M. A. e Gbadamosi, T. O. (2009): Composição química, mapeamento geofísico e estimativa de reserva de depósito de argila de partes do sudoeste da Nigéria. J. Geol. Min. Res. Vol. 1(3) pp. 57-66.

Elueze A. A. (1981): Petrography and Geochemistry of Metasediments rock of Schist Belt of Ilesha area, SW Nigeria, Journal ofWmas, Vol. 18, (1) pp 5-7

Elueze, A. A.,(1982): Geochemistry of the Ilesha granitegneiss in the basement complex of southwestern Nigeria. Precambrian. Rcs 19, pp. 167-177.Federal Surveyof Nigeria, 1966. Sheet 281, Ijebu-Ife S.E., primeira edição, folha 281.

EyankwareM. O E ObasiP. N (2014): Estimativa da reserva do depósito de dolerite no estado de ObiguLekwesiAbia, na parte sudoeste da Nigéria, utilizando uma abordagem geofísica.

Faniran, A., (1970): Profundidade e padrões de intemperismo nas áreas de rocha do Complexo de Cave Pré-Cambriano da Nigéria. Journal ofMining and Geology vol.28, No.1Pp.78 - 84.

Gibson, P. J e George, D. M., (2003): Environmental applications of geophysical surveying techniques (Aplicações ambientais de técnicas de levantamento geofísico).

Boriotti S, Dennis D. New York, NY Nova Science Publishers, Inc. 137, 140.

Grant M. K., (1970): Distinção estrutural entre cobertura metassedimentar e um embasamento sobrejacente no

Domínio Pan-Africano de 600 Ma do Noroeste da Nigéria. Boletim da Sociedade Geológica da América, Pp. 50 - 88

Hubbard, F. H., (1975): Precambrian crustal development in Western Nigeria: indications from Iwo Region. Geol Soc Am Bull 86:548-554

Ileoje, (1985): Clima e vegetação do sudoeste da Nigéria

Jones, H.A. e Hockey, R. D., (1964): The geology of part of South-Western Nigeria (A geologia de parte do sudoeste da Nigéria). GeolSurv Niger Bull 31:101 pp

Joshua E. O., Oladunjoye M.A. e Bayewu 0.0. (2004): Mapeamento de estrutura usando métodos combinados de refração sísmica e resistividade elétrica: A case study of Omi- Adio Overburden and its Environs, South Western Nigeria. Revista de Geociências de África, Vol. 11, No. 4, pp. 281-291

Keller, G.V. E Frischknecht, F.C. (1966): Métodos eléctricos em sondagem eléctrica geofísica. Interciencia, Madrid, 160pp.

Koefoed, O., (1979): Geosounding Principle-1, Elsevier, Amesterdão, 276 pp,

LE Maitre, (2002): Rochas chanokíticas do complexo basal da Nigéria

McCurry, P., (1989): A Geologia das rochas do Pré-Cambriano ao Paleozoico inferior do norte da Nigéria - Uma revisão em: Kogbe, C.A. (Ed) Geology of Nigeria- Elizabeth and Published co. Lagos. 436pp

Agência de Pesquisa Geológica da Nigéria (1963): Mostra o mapa geológico da área de investigação

Nigéria. Jornal de ciências puras e aplicadas, p. 62 - 63

Obaje N.G., (2009): Geologia e Recursos Minerais da Nigéria. Lecture Notes in Earth Sciences 120, DOI 10.1007/978-3-540-92685-6 3, Springer-Verlag Berlin Heidelberg 2009.

Okunlola, O.A., Adeigbe,O.C.,andOluwatoke, O.O., 2009 Compostional and petrogenetic features of schistose rocks of Ibadan area, *Earth Science Research Journal formerly (GEOFISICA COLUMBIANA)*Vol.13 No2, 29-43

Okurumeh, O. K. e Olayinka, A. I. (1998): Electrical Anisotropy of crystalline Basement Rocks around Okeho, southwestern Nigeria: Implications in Geologic Mapping and Groundwater Investigation. Water resources, Journal ofNAH, Vol. 9, pp. 41-50.

Olayinka, A. I. (1996): Non Uniqueness in the Interpretation of Bedrock resistivity from Sounding Curves and its Hydrological Implications. Water Resources, Journal ofNAH, Vol.7 Nos. 1&2, pp.55-60.

Olorunfemi, M. 0 e Okhue, E. T. (1992): Hydrogeologic and Geologic significant of a Geoelectric survey at Ile-Ife, Nigeria. Journal of Mining and Geology, Vol. 28, No 2, pp. 221-229.

Orellana, E. e Mooney, H. M. (1966): Tabelas e curvas mestras para sondagem eléctrica vertical. Interciencia, Madrid, 160pp.

Orellana, E. e Mooney, H. M. (1966): A interpretação das curvas de campo usando curvas mestras e carta de pontos auxiliares.

OriolaA. M e TijaniM., (2002): Um relatório preliminar sobre os pegmatitos de Ijero e arredores. GSNA Ado - Ekiti, Pp.22

Oyawoye, M.O. (1972): The Basement complex of Nigeria in Dessauvagie,T.F.J., Whiteman, A.J. (Eds). African Geology. Ibadan University Press, Ibadan, Nigéria. Pp. 41-56.

ParasnisD. S, (1973):Methods in Geochemistry and Geophysics. Elsevier,

Amesterdão.

RahamanM. A, e OcanO., (1978): On relationships in the Precambrian Migmatite-gneisses of Nigeria. Niger J Min Geol 15:23-32

RahamanM. A., (1976): Review of the basement geology of South-Western Nigeria. In: Kogbe CA (ed) Geologia de

Nigéria, 2ª ed., Elizabethan Publishers, Lagos, pp. 4158

Rahaman M. A., (1981): Recent advances in the study of the basement complex of Nigeria. Resumo, 1º Simpósio sobre a Geologia Pré-Cambriana da Nigéria

Rahaman, M. A. (1978): Geochemistry of some Gneiss from parts of southwestern Nigeria. Jour. Min. and Geol. Vol. 15, no. 1,pp38-48.

Rahaman, M. A. e LANCELOT, J. R., (1984): Evolução da crosta continental no sudoeste da Nigéria: limitações da datação U/Pb de gnaisses pré-Pan-Africanos. In: Relatório de atividade 1980-1984 - Documentos e

Rahaman, M. A., (1988): Recent advances in the study of the basement complex of Nigeria. Uma publicação do Serviço Geológico da Nigéria, pp. 41-44

Tahun, (2011): Diagrama de como a corrente viaja do transmissor para o recetor através do solo

Turner D. C., (1983): Cinturas de xistos do Proterozoico Superior no sector nigeriano da Província Pan-Africana da África Ocidental. Investigação Pré-Cambriana 21:55-79

Vander Velpen, B. P. A., (1988): Os parâmetros geoeléctricos obtidos a partir da interpretação manual foram depois utilizados como modelo de entrada para a iteração assistida por computador do programa WINRESIST para a interpretação

Wightman, E. A., (2003): A resistividade aparente do solo é encontrada dividindo a tensão medida pela quantidade de corrente a geometria do conjunto de eléctrodos.

Yavuz, A.B, Turk, N. e Koca, M.Y. (2005): Parâmetros geológicos que afectam a produção de mármore nas pedreiras ao longo do flanco sul do maciço de Menderes, no sudoeste da Turquia. Geologia de Engenharia, 80, 214-241

Zohdy, A. A., (1965): O Método do Ponto Auxiliar de Interpretação de Sondagens Eléctricas e a sua relação com os parâmetros de Dar Zarrouk. Geofísica 30, pp 644-660.

Zohdy, A. A. (1974): Application of Surface Geophysics to Groundwater Investigation. Techniques of water resources investigations of the US Geological Survey, Book2, pp. 5-66

MIX
Papier aus verantwortungsvollen Quellen
Paper from responsible sources
FSC® C105338

Printed by Books on Demand GmbH, Norderstedt / Germany